Bibliografische Information der Deutschen Nationalbibliothek:

Die Deutsche Bibliothek verzeichnet diese Publikation in der Deutschen National-
bibliografie; detaillierte bibliografische Daten sind im Internet über http://dnb.d-
nb.de/ abrufbar.

Impressum:

Copyright © 2016 GRIN Verlag, Open Publishing GmbH
Druck und Bindung: Books on Demand GmbH, Norderstedt Germany
ISBN: 9783668381650

Dieses Buch bei GRIN:

http://www.grin.com/de/e-book/351706/implementierung-einer-zweidimensionalen-
quadratischen-struktur-mit-vier

Robert Egel

Aus der Reihe: e-fellows.net stipendiaten-wissen

e-fellows.net (Hrsg.)

Band 2242

Implementierung einer zweidimensionalen, quadratischen Struktur mit vier Viereckelementen in MATLAB und ABAQUS. Modellierung und Simulation eines Dreipunktbiegeversuchs an einem faserverstärkten Werkstoff mit ABAQUS

GRIN Verlag

Vorlesung
Finite Element Methode mit einer Einführung in ABAQUS

Schriftliche wissenschaftliche Arbeit

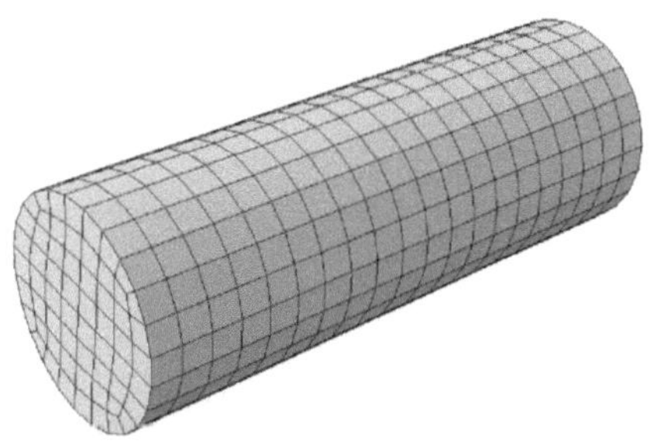

Implementierung einer zweidimensionalen, quadratischen Struktur mit vier
Viereckelementen in MATLAB und ABAQUS
&
Modellierung und Simulation eines Dreipunktbiegeversuchs an einem faserverstärkten
Werkstoff mit ABAQUS

Autor: Robert Egel

Abgabedatum: 13. September 2016

Inhaltsverzeichnis

Abbildungsverzeichnis

Anhang

1_1_FEM_Robert_Egel_SS_16.m

1_2_FEM_Robert_Egel_SS_16_Patch_Test.m

1_3_FEM_Robert_Egel_SS_16_ABAQUS.cae

2_FEM_Robert_Egel_SS_16_ABAQUS.cae

FEM_Robert_Egel_SS_16

A Implementierung einer zweidimensionalen, quadratischen Struktur mit vier Viereckelementen in MATLAB und ABAQUS

1 Problembeschreibung

In den folgenden Kapiteln wird dargelegt, wie mit Hilfe von MATLAB und ABAQUS eine einfache quadratische, zweidimensionale Struktur mit vier Viereckelementen beschrieben werden kann. Konkret wird dabei die Deformation der gesamten Struktur, also die Verschiebungen an jedem Knoten, die auftretenden Kräfte und das Spannungsfeld berechnet.

Dabei besitzt die zu berechnende Struktur eine Länge (x-Achse) und Höhe (y-Achse) von 10 [mm] und eine Breite (z-Achse) von 2 [mm]. Weil ein ebener Verzerrungszustand angenommen wird, treten Längenänderungen nur in zwei Richtungen (bei diesem Problem in x- und y- Richtung) auf.

Bei diesem Problem ist die linke Kante in x-Richtung und die untere Kante in y-Richtung fixiert. Gleichzeitig wird die gesamte obere Kante um 1.5 [mm] verschoben. In Abbildung 1 ist das gesamte Problem grafisch aufgezeigt.

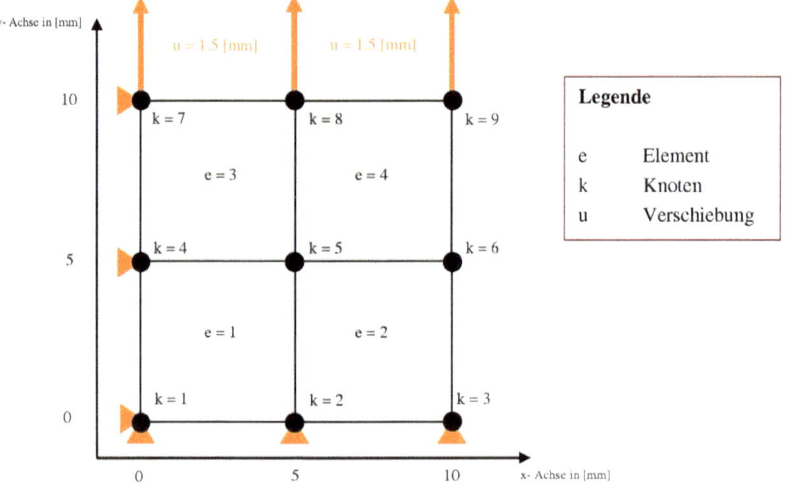

Abbildung 1: Grafische Darstellung des gesamten zu implementierenden Problems

Das Material wird mit den Lamé-Konstanten λ und μ beschrieben, welche die Werte $\lambda = 121.150\,\frac{N}{mm^2}$ und $\mu = 80.769\,\frac{N}{mm^2}$ besitzen.

Hinweis: Damit die Verbindungen zwischen der Arbeit und dem MATLAB- Code verständlicher werden, sind Elemente, die im Code auftauchen, dich und in blau geschrieben.

2 Implementierung des Problems in MATLAB

Im Folgenden wird schrittweise die Implementierung des in Kapitel A.1 aufgezeigten Problems beschrieben.

2.1 Benötigte Input-Daten für die Implementierung

Der erste Schritt bei der Implementierung stellt das Definieren der Eingabedaten in MATLAB dar. Bei den Daten wird unterschieden zwischen Informationen, die für die gesamte Struktur und Informationen, die für ein einzelnes Element von Bedeutung sind. Nachfolgend sind zuerst letztere aufgezeigt.

2.1.1 Benötigter Input für die Definition eines Elements

Weil es sich bei den Elementen um Viereckelemente handelt, besitzt jedes von ihnen 4 Knoten (Zeile 71) und 4 Gaußpunkte (Zeile 78). Um das Element räumlich zu beschreiben sind die physikalischen Koordinaten, also die Koordinaten im selbst gewählten Koordinatensystem notwendig. Diese werden in Form von zwei Matrizen, unterteilt in x- und y- Positionen definiert, wobei in beiden Matrizen eine Spalte die Positionen von einem Element beschreibt (Zeile 80 –90). Zusätzlich zu den physikalischen Koordinaten wird ein natürliches Koordinatensystem, welches in ξ-η-Koordinaten unterteilt ist eingeführt. Die ξ-η-Koordinaten pro Element variieren zwischen $-1 \leq \xi, \eta \leq 1$. Dies wird in Abbildung 2 dargestellt.

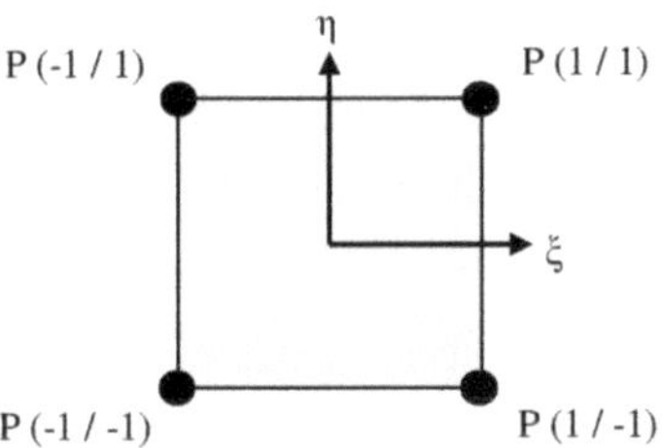

Abbildung 2: ξ-η-Koordinaten der Knoten eines Viereckelements

Die Berechnung der Elementsteifigkeitsmatrizen **Ke** eines vierknotigen Lagrange- Element erfolgt mit Hilfe von Ansatzfunktionen (siehe Kapitel A.2.2.1 und Kapitel A.2.2.4). Um diese zu berechnen, werden die ξ-η-Koordinaten der Gaußpunkte eines Elements benötigt (Zeile 121-125).

2.1.2 Benötigter Input für die Definition der gesamten Struktur

Die gesamte Struktur besteht aus vier Elementen (Zeile 6), weshalb insgesamt 9 Knoten vorhanden sind (Zeile 12). Weil das gegebene Problem zweidimensional ist, werden für die weiteren Berechnungen 2 Freiheitsgrade pro Knoten benötigt (Zeile 9); es gibt also insgesamt 18 Freiheitsgrade im System. Die Verbindung zwischen der gesamten Struktur und den vier Elementen wird mit Hilfe der Konnektivitätsmatrix connectivity dargestellt (Zeile 17 – 21). Sie drückt aus, welcher Knoten im gesamten System zu welchem Element gehört. Dabei stellt eine Spalte der Matrix die Knoten eines Elements dar.

$$\text{connectivity} = \begin{bmatrix} 1 & 2 & 4 & 5 \\ 2 & 3 & 5 & 6 \\ 5 & 6 & 8 & 9 \\ 4 & 5 & 7 & 8 \end{bmatrix}$$

2

Die Berechnungen der Verschiebungen und Kräfte an den Knoten basiert auf der Teilung von aktiven und passiven Freiheitsgraden (siehe Kapitel A.2.4.1). Ein Freiheitsgrad ist dann aktiv, wenn seine Verschiebungen vor der Berechnung unbekannt sind; ein passiver Freiheitsgrad ist also ein Freiheitsgrad, der vor der Berechnung definiert wird. Für die Unterscheidung wird ein Hilfsvektor d_act_help erstellt (Zeile 26). Eine „1" steht für einen aktiven, eine „0" für einen passiven Freiheitsgrad. Alle Freiheitsgrade sind im Vektor d_numbers aufgezeigt. Dieser ist von 1 bis zur Anzahl der Freiheitsgrade durchnummeriert.

Für die Unterscheidung von Randknoten und inneren Knoten wird nach dem gleichen Prinzip wie beim Vektor d_act_help ein Vektor Randknoten definiert, wobei „1" für einen Freiheitsgrad eines Randknotens steht und „0" dementsprechend für einen Freiheitsgrad eines inneren Knotens (Zeile 31).

Die Verschiebungen der passiven Freiheitsgrade sind im Vektor u_pas aufgezeigt (Zeile 40). Die letzten drei Elemente des Vektors symbolisieren die Verschiebung der Knoten an der oberen Kante (Knoten 7, 8 und 9) um 1,5 [mm] nach oben. Alle anderen passiven Freiheitsgrade sind fixiert.

$$\text{u\_pas} = \begin{bmatrix} 0 & 0 & 0 & 0 & 0 & 0 & 1.5 & 1.5 & 1.5 \end{bmatrix}$$

Die Dicke des Teils beträgt 2 [mm] (Zeile 46). Als letztes muss das Material definiert werden. Wie im Kapitel A.1 erwähnt geschieht das mit Hilfe der Lamé-Konstanten λ und μ (Zeile 48 und Zeile 52). Die Beschreibung des Materials selber erfolgt durch die C_el- und C_eng- Matrizen (Zeile 53 – 60). Diese werden wie folgt definiert:

$$C_{el} = \begin{bmatrix} \lambda + 2\mu & \lambda & 0 \\ \lambda & \lambda + 2\mu & 0 \\ 0 & 0 & \mu \end{bmatrix} \qquad C_{eng} = \begin{bmatrix} \lambda + 2\mu & \lambda & 0 \\ \lambda & \lambda + 2\mu & 0 \\ 0 & 0 & 2\mu \end{bmatrix}$$

Formel 1: Materialeigenschaften C_el und C_eng - Matrix

2.2 Berechnung der Elementsteifigkeitsmatrizen für alle vier Elemente

Jedes Element wird beschrieben durch eine Elementsteifigkeitsmatrix, welche, wie ihr Name schon sagt, die Steifigkeit eines Elements bei der Anwendung der FEM darstellt und somit Auswirkungen auf das Verhalten des Elements besitzt. Sie hängt sowohl vom eingesetzten Material als auch von der Größe und Form des Elements ab.

Die Berechnung für jedes Element erfolgt durch viermaliges Durchführen einer for-Schleife (Zeile 117 – 157) aufgrund von vier vorhandenen Gaußpunkten in einem Viereckelement.

Im Folgenden wird schrittweise aufgezeigt, wie die Elementsteifigkeitsmatrix für alle vier Elemente berechnet werden.

2.2.1 Ansatzfunktionen

Für die Beschreibung des Verschiebeverhaltens von Viereckelementen werden folgende vier Ansatzfunktionen benutzt, die von den natürlichen Koordinaten ξ und η abhängig sind:

$$h_1 = \frac{1}{2}(1 - \xi) \cdot \frac{1}{2}(1 - \eta) \qquad h_2 = \frac{1}{2}(1 + \xi) \cdot \frac{1}{2}(1 - \eta)$$

$$h_3 = \frac{1}{2}(1 + \xi) \cdot \frac{1}{2}(1 + \eta) \qquad h_4 = \frac{1}{2}(1 - \xi) \cdot \frac{1}{2}(1 + \eta)$$

Formel 2: Ansatzfunktionen eines bilinearen Lagrange-Element

Die Eingabe der Ansatzfunktionen wird in den Zeilen 120 – 124 im Code durchgeführt in Form einer 4×1- Vektors (h). Die Berechnung der Ansatzfunktionen selber erfolgt über die Gaußpunkte des Elements, sodass für ξ und η die Koordinaten der vier Punkte genommen werden. Weil alle Elemente in dem vorherrschenden Problem die gleichen sind, nimmt der Vektor der Ansatzfunktionen immer den gleichen Wert an:

$$h = \begin{bmatrix} 0.1667 \\ 0.0447 \\ 0.1667 \\ 0.6220 \end{bmatrix}$$

2.2.2 Jacobi-Matrix

Bis jetzt wurden die Elemente und ihre Komponenten in den natürlichen Koordinaten ξ und η beschrieben. Weil aber die Berechnung der Verschiebungen (siehe Kapitel A.2.4.3) in physikalischen Koordinaten erfolgt, wird eine Methodik benötigt, um die Ableitung der Ansatzfunktionen nach x-y-Koordinaten zu berechnen. Dies geschieht mit Hilfe der Jacobi-Matrix $\mathbf{J}$. Diese wird wie folgt gebildet für ein zweidimensionales Viereckelement:

$$\mathbf{J}_e = \begin{bmatrix} \delta_\xi x_e(\xi, \eta) & \delta_\eta x_e(\xi, \eta) \\ \delta_\xi y_e(\xi, \eta) & \delta_\eta y_e(\xi, \eta) \end{bmatrix}$$

Formel 3: Jacobi-Matrix

In der Formel ist ersichtlich, dass die Determinante der Ansatzfunktionen mit den physikalischen Koordinaten multipliziert werden muss, um die Jacobi-Matrix zu bekommen (Zeile 132-136).

Insgesamt werden bei vier Elementen 16 Jacobi-Matrizen, also für jeden Gaußpunkt eine, benötigt. Im Folgenden wird beispielhaft die Jacobi-Matrix für den ersten Gaußpunkt im vierten Element aufgezeigt.

$$\mathbf{J}_{1,4} = \begin{bmatrix} 2.5 & 0 \\ 0 & 2.5 \end{bmatrix}$$

2.2.3 B-Matrix

Um die $\mathbf{K}_e$ zu berechnen wird ein Faktor benötigt, der eine Verknüpfung zwischen den Verzerrungen und Verschiebungen herstellt. In dieser Berechnung wird hierfür die B-Matrix $\mathbf{B}$ verwendet.

Um die B-Matrix zu berechnen, wird die Jacobi-Matrix (Kapitel A.2.2.2) in physikalischen Koordinaten $\mathbf{J_x}$ benötigt. Um diese zu bekommen, muss die Determinante der Ansatzfunktionen mit der inversen vorher berechneten Jacobi-Matrix multipliziert werden (Zeile 147-148).

$$\mathbf{J_x} = h(\xi, \eta) \cdot \mathbf{J}_e(\xi, \eta, x)^{-1}$$

Formel 4: Jacobi-Matrix in physikalischen Koordinaten

Beispielhaft ist hier die Jacobi-Matrix in physikalischen Koordinaten für den ersten Gaußpunkt des vierten Elements aufgezeigt.

$$\mathbf{J}_{phy,1,4} = \begin{bmatrix} -0.0423 & -0.1577 \\ 0.0423 & -0.0423 \\ 0.1577 & 0.0423 \\ -0.1577 & 0.1577 \end{bmatrix}$$

Die B-Matrix besteht aus den einzelnen Elementen der physikalischen Matrix (Zeile 150 -153). Die Anordnung der B-Matrix ist in der Formel 5 aufgezeigt. Dabei symbolisiert die erste Zahl in der Klammer die Zeile und die zweite Zahl die Spalte in der physikalischen Jacobi-Matrix.

$$\mathbf{B} = \begin{bmatrix} J_x(1,1) & 0 & J_x(2,1) & 0 & J_x(3,1) & 0 & J_x(4,1) & 0 \\ 0 & J_x(1,2) & 0 & J_x(2,2) & 0 & J_x(3,2) & 0 & J_x(4,2) \\ J_x(1,2) & J_x(1,1) & J_x(2,2) & J_x(2,1) & J_x(3,2) & J_x(3,1) & J_x(4,2) & J_x(4,1) \end{bmatrix}$$

Formel 5: B-Matrix

Beispielhaft wird hier im Folgenden die B-Matrix für den ersten Gaußpunkt des vierten Elements aufgezeigt.

$$\mathbf{B}_{1,4} = \begin{bmatrix} -0.1577 & 0 & 0.1577 & 0 & 0.0423 & 0 & -0.0423 & 0 \\ 0 & -0.1577 & 0 & -0.0423 & 0 & 0.0423 & 0 & 0.1577 \\ -0.1577 & -0.1577 & -0.0423 & 0.1577 & 0.0423 & 0.0423 & 0.1577 & -0.0423 \end{bmatrix}$$

2.2.4 Elementsteifigkeitsmatrix

Mit der Berechnung Jacobi-Matrix, der B-Matrix und der C_el-Matrix sind nun alle Faktoren gegeben, um die Elementsteifigkeitsmatrix zu berechnen (Zeile 155 – 156). Die Formel hierfür lautet:

$$\mathbf{K_e} = t^e \cdot \int_{-1}^{1} \int_{-1}^{1} j_e(\xi, \eta) \cdot \mathbf{B_e}(\xi, \eta)^T \cdot \mathbf{C_{eng}} \cdot \mathbf{B_e}(\xi, \eta) d\xi d\eta$$

Formel 6: Elementsteifigkeitsmatrix

Das Ergebnis der Berechnung der Elementsteifigkeitsmatrix sind vier 8x8- Matrizen. In der folgenden Matrix sind die Werte der ersten drei Spalten und Zeilen der Elementsteifigkeitsmatrix für das vierte Element aufgezeigt.

$$Ke = 1 \cdot 10^5 \cdot \begin{bmatrix} 2.4230 & 1.0096 & -1.6154 & ... \\ 1.0096 & 2,4230 & -0.2019 & ... \\ -1.6154 & -0.2019 & 2.4230 & ... \\ ... & ... & ... & ... \end{bmatrix}$$

2.3 Berechnung der Systemsteifigkeitsmatrix

2.3.1 Projektionsmatrix

Mit Hilfe der Projektionsmatrizen kann herausgefunden werden, welche Freiheitsgrade im gesamten System zu dem jeweiligen Element gehören. Die Matrix besteht nur aus den Werten „1" und „0". „1" sagt aus, dass der Freiheitsgrad zum Element, „0" sagt, dass der Freiheitsgrad nicht zum Element gehört. Bei insgesamt vier Elementen werden vier Projektionsmatrizen benötigt (Zeile 162 – 180). Dabei existiert folgender Zusammenhang:

$$\mathbf{d}^e = \mathbf{P_e} \cdot \mathbf{d}^s$$

Formel 7: Zusammenhang zwischen gesamten Freiheitsgraden und den Freiheitsgraden eines Systems

Werden die Freiheitsgrade mit der Formel 7 für das vierte Element gesucht, kommt folgendes heraus:

$$d_4 = \begin{bmatrix} 9 & 10 & 11 & 12 & 17 & 18 & 15 & 16 \end{bmatrix}$$

5

Dabei zeigen die ersten zwei Werte die Freiheitsgrade des ersten Knotens des Elements auf, die nächsten zwei die vom zweiten Knoten usw.

2.3.2 Systemsteifigkeitsmatrix

So wie die Elementsteifigkeitsmatrix die Steifigkeit eines Elementes aufzeigt, so zeigt die Systemsteifigkeitsmatrix die Steifigkeit des gesamten Systems an (Zeile 185-186). Um diese zu berechnen, werden sowohl die in Kapitel A.2.2.4 ausgerechneten Elementsteifigkeitsmatrizen als auch die Projektionsmatrizen aus Kapitel xx aller Elemente benötigt. Die Formel für die Systemsteifigkeitsmatrix lautet:

$$\mathbf{K_s} = \sum_1^{nele} \mathbf{P_e}' \cdot \mathbf{K_e} \cdot \mathbf{P_e}$$

Formel 8: Systemsteifigkeitsmatrix

Das Ergebnis ist eine 18x18- Matrix für das gesamte System. Die folgende Matrix zeigt die Werte der oberen drei Zeilen und der ersten drei Spalten auf.

$$Ks \;=\; 1 \cdot 10^5 \cdot \begin{bmatrix} 2.4230 & 1.0096 & -1.6154 & ... \\ 1.0096 & 2.4230 & -0.2019 & ... \\ -1.6154 & -0.2019 & 4.8461 & ... \\ ... & ... & ... & ... \end{bmatrix}$$

2.4 Verschiebungen

Nun können mit Hilfe der Systemsteifigkeitsmatrix berechnet werden, wie sich das System verhält, wenn an der gesamten Oberkante gezogen wird. Dabei kennen wir die Verschiebungen der passiven Freiheitsgrade schon, weshalb wir diese nicht extra berechnen müssen. Die Berechnung beschränkt sich also ausschließlich auf die aktiven Freiheitsgrade. Am Ende müssen alle Verschiebungen zusammengefügt werden (siehe Kapitel A.2.4.4.4). Im Folgenden werden die einzelnen Schritte systematisch aufgezeigt.

2.4.1 Hilfsvektoren d_act_numbers und d_pas_numbers

Die Hilfsvektoren d_act_numbers und d_pas_numbers zeigen auf, welche Freiheitsgrade aktiv und welche passiv sind (Zeile 195 – 206).

$$d\_act\_numbers = \begin{bmatrix} 3 & 5 & 8 & 9 & 10 & 11 & 12 & 15 & 17 \end{bmatrix}$$
$$d\_pas\_numbers = \begin{bmatrix} 1 & 2 & 4 & 6 & 7 & 13 & 14 & 16 & 18 \end{bmatrix}$$

2.4.2 Aktive und passive Projektionsmatrix

Die aktiven und passiven Projektionsmatrizen haben eine ähnliche Funktion wie die normalen Projektionsmatrizen, nur, dass jene bei der Unterscheidung der aktiven und passiven Freiheitsgrade helfen (Zeile 210 – 218). Die Formel 9 zeigt beispielhaft den Zusammenhang zwischen allen im System vorhandenen und den aktiven Freiheitsgraden auf.

$$\mathbf{d^a} = \mathbf{P_a} \cdot \mathbf{d^s}$$

Formel 9: Zusammenhang zwischen aktiven und allen Freiheitsgraden

2.4.3 Verschiebung der aktiven Freiheitsgrade

Um die Verschiebungen der aktiven Freiheitsgrade zu berechnen, müssen zunächst die Kaa – und die Kap- Matrizen berechnet werden (Zeile 222 – 226). Die Formeln sind im Folgenden aufgezeigt.

$$K_{aa} = P_a \cdot K_s \cdot P_a{}'$$
$$K_{ap} = P_a \cdot K_s \cdot P_p{}'$$

Formel 10: Kaa- und Kap- Matrix

Beide Matrizen besitzen die Dimension 8x8.

$$Kaa \;=\; 1 \cdot 10^5 \cdot \begin{bmatrix} 4.8461 & -1.6154 & 1.0096 & \dots \\ -1.6154 & 2.4230 & 0 & \dots \\ 1.0096 & 0 & 4.8461 & \dots \\ \dots & \dots & \dots & \dots \end{bmatrix}$$

$$Kap \;=\; 1 \cdot 10^5 \cdot \begin{bmatrix} -1.6154 & -0.2019 & 0 & \dots \\ 0 & 0 & -0.2019 & \dots \\ -0.2019 & -1.6154 & -1.2115 & \dots \\ \dots & \dots & \dots & \dots \end{bmatrix}$$

Mit Hilfe dieser beiden Matrizen und den Verschiebungen an den passiven Freiheitsgraden können die Verschiebungen mit der folgenden Formel an den aktiven Freiheitsgraden berechnet werden (Zeile 228-229):

$$u_a = K_{aa}{}^{-1} \cdot (-K_{ap} \cdot u_p)$$

Formel 11: Verschiebungen u an den aktiven Freiheitsgraden

Das Ergebnis ist ein Vektor mit neun Elementen.

$$u\_act = [-0.3214 \quad -0.6428 \quad 0.75 \quad -0.3214 \quad 0.75 \quad -0.6428 \quad 0.75 \quad -0.3214 \quad -0.6428]$$

2.4.4 Gesamte Verschiebungen

Nun, nachdem auch die Verschiebungen der aktiven Freiheitsgrade bekannt sind, müssen alle Verschiebungen, also sowohl die aktiven als auch die passiven zu einem Vektor **u** zusammengefasst werden (Zeile 233 – 241). Das Ergebnis ist ein 18x1- Vektor.

Die Abbildung 3 vergleicht grafisch die alte mit der neuen Struktur. Die schwarzen Linien zeigen die anfängliche Struktur auf, die roten Linien die neue auf. Auf der Abbildung ist gut erkennbar, dass die neue Struktur länger gestreckt wird.

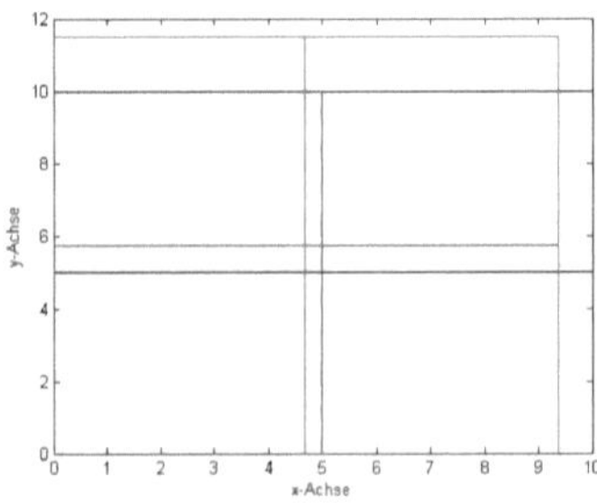

Abbildung 3: Vergleich der geografischen Lage zwischen alter und neuer Struktur

2.5 Spannungsfeld

Um das Spannungsfeld zu berechnen werden die gesamten Verschiebungen (Kapitel A.2.4.4) benötigt. Im Folgenden wird systematisch aufgezeigt, wie das Spannungsfeld der gesamten Struktur berechnet werden kann.

2.5.1 Verschiebungen der Knoten einzelner Elemente

Für die Berechnung müssen zuerst die Verschiebungen der Knoten dem jeweiligen Element zugewiesen werden (Zeile 246-248). Dies geschieht, indem die Projektionsmatrix eines Elements mit den gesamten Verschiebungen multipliziert wird (Formel 12).

$$\mathbf{u_e} = \mathbf{P_e} \cdot \mathbf{u'}$$

Formel 12: Verschiebungen u an den Freiheitsgraden eines Elements

Heraus kommen vier Vektoren mit acht Elementen. Den Vektor für das erste Element ist hier beispielhaft aufgezeigt.

$$\text{u\_nodes\_elements} = \begin{bmatrix} 0 & 0 & -0.3214 & 0 & -0.3214 & 0.75 & 0 & 0.75 \end{bmatrix}$$

2.5.2 Belastung

Die Belastung an den Gaußpunkten wird mit Hilfe des $\mathbf{e_{eng}}$- Vektors aufgezeigt (Zeile 251-255), der mit folgender Formel berechnet wird:

$$\mathbf{e_{eng}} = \mathbf{B_e} \cdot \mathbf{u_e}$$

Formel 13: Belastung e_{eng}

Weil insgesamt 16 Gaußpunkte in diesem Problem enthalten sind, werden auch 16 e_eng- Vektoren benötigt.

2.5.3 Spannung

Um jetzt die Spannung herauszubekommen, muss die Belastung mit der C_eng- Matrix multipliziert werden (Zeile 258-262). Die ist in der Formel 14 ersichtlich.

$$\mathbf{T} = \mathbf{C_{eng}} \cdot \mathbf{e_{eng}}$$

Formel 14: Spannung T

Das Ergebnis sind insgesamt 16 Vektoren mit jeweils drei Elementen. Weil dieses Problem eine homogene Elementstruktur beinhaltet, muss das Spannungsfeld über die gesamte Struktur identisch sein. Um das zu verdeutlichen sind hier die ersten Spannungsvektoren aller Elemente aufgezeigt.

$$\text{stress}_{1,1} = 1 \cdot 10^4 \cdot \begin{bmatrix} 0 & 3.4615 & 0 \end{bmatrix} \qquad \text{stress}_{1,2} = 1 \cdot 10^4 \cdot \begin{bmatrix} 0 & 3.4615 & 0 \end{bmatrix}$$

$$\text{stress}_{1,3} = 1 \cdot 10^4 \cdot \begin{bmatrix} 0 & 3.4615 & 0 \end{bmatrix} \qquad \text{stress}_{1,4} = 1 \cdot 10^4 \cdot \begin{bmatrix} 0 & 3.4615 & 0 \end{bmatrix}$$

Das zeigt auch, dass es bei einer homogenen Struktur nicht um die Anzahl der Elemente geht. Ist eine homogene Struktur der Elemente vorhanden, ist die Spannung wie gerade verdeutlicht an jeder Stelle gleich.

2.6 Berechnung der Kräfte an den Knoten

Als letzter Schritt in dieser Arbeit werden die Kräfte an den Knoten im System berechnet. Hierbei wird anschließend zwischen Randknoten und inneren Knoten unterschieden.

2.6.1 Gesamte Kräfte

Die Formel für die Berechnung der Kräfte lautet:

$$\mathbf{f} = \mathbf{K_s} \cdot \mathbf{u}'$$

Formel 15: Reaktionskräfte f

Das Ergebnis der Berechnung (Zeile 266-267) ist ein Vektor f mit 18 Elementen.

2.6.2 Kräfte an inneren und äußeren Knoten

Aus dem Vektor f können nun die Kräfte für die inneren (f_ins) und äußeren (f_edg) Knoten gezogen werden (Zeile 269-283). Speziell in diesem Problem existiert ausschließlich ein innerer Knoten, und zwar der fünfte. Alle weiteren sind Randknoten.

An den Zahlen ist gut zu erkennen, dass die Krafteinwirkung nur an den Knoten stattfindet, die an Randbedingungen (entweder Fixierung oder Verschiebung) geknüpft sind. Weil an dem inneren Knoten keine Bedingungen geknüpft sind, gibt es auch keine (oder sehr geringe) Krafteinwirkungen.

2.7 Vergleich mit ABAQUS

Das bis hierhin beschriebene Problem wird zusätzlich in ABAQUS implementiert, um die Ergebnisse zu vergleichen. In der Abbildung 4 ist die alte und neue Struktur aufgezeigt. Wie im Kapitel A.2.5.3 erwähnt, ist die neue Struktur an jeder Stelle gleichfarbig. Das bedeutet, dass die Spannung überall identisch ist.

Die Werte für die berechnete Verschiebung, Spannung und Reaktionskräfte ist gleich den Ergebnissen der Berechnungen in MATLAB.

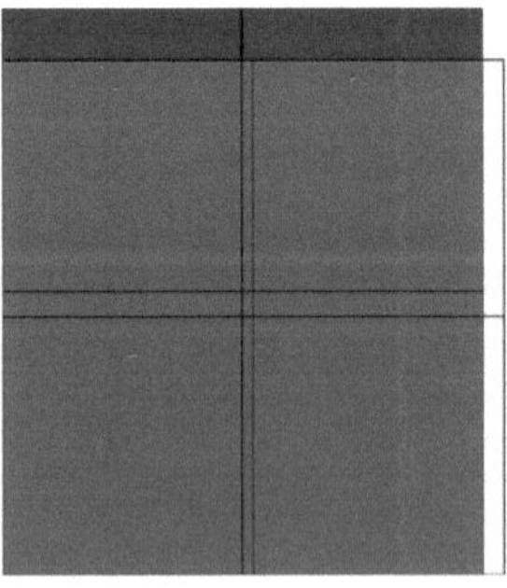

Abbildung 4: Vergleich der Strukturen in ABAQUS

2.8 Patch-Test

Beim Patch-Test wird die homogene Struktur durch eine inhomogene ersetzt. In dem Fall verschiebt sich der fünfte Knoten um 2 [mm] nach links und um 2 [mm] nach oben. Alle anderen Bedingungen sind identisch zu dem Fall mit der homogenen Struktur. Die Abbildung 5 zeigt die Verschiebung beim Patch-Test an.

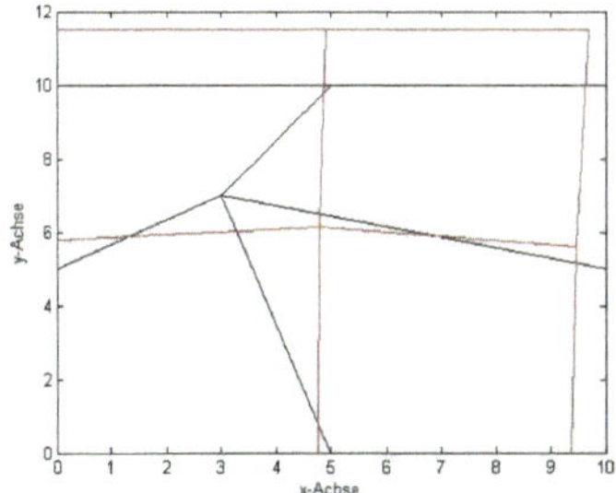

Abbildung 5: Verschiebung beim Patch-Test

Ein wesentlicher Unterschied zwischen der vorherigen Struktur und dem Patch-Test ist das Spannungsfeld. Weil beim Patch-Test keine homogene Struktur vorliegt, ist die Spannung an jedem Punkt im System unterschiedlich.

Im Kapitel A.2.5.3 sind beispielhaft Spannungen aufgezeigt. Zum Vergleich sind hier die ersten Spannungsvektoren aufgezeigt, aber diesmal beim Patch-Test.

$$stress_{1,1} = 1 \cdot 10^4 \cdot [0.4362 \quad 3.6745 \quad 0.5632] \qquad stress_{1,2} = 1 \cdot 10^4 \cdot [-0.1628 \quad 3.492 \quad 0.3997]$$

$$stress_{1,3} = 1 \cdot 10^4 \cdot [-0.1777 \quad 2.7548 \quad 1.5052] \qquad stress_{1,4} = 1 \cdot 10^4 \cdot [-0.1752 \quad 2.336 \quad -1.1]$$

B Modellierung und Simulation eines Dreipunktbiegeversuchs an einem faserverstärkten Werkstoff mit ABAQUS

1 Problembeschreibung

Im Folgenden wird aufgezeigt, wie in ABAQUS ein Dreipunktbiegeversuch implementiert werden kann. Dabei soll ein Pin auf einen Testbalken, der aus einem kohlenstofffaserverstärkten Kunststoff besteht, drücken und diesen somit verbiegen. Es wurden für die einzelnen Bestandteile hierbei folgende Parameter vorher festgelegt:

Testbalken

Der Biegetest selber erfolgt an einem Testbalken, welcher insgesamt 120 [mm] lang (x-Achse), 10 [mm] hoch (y-Achse) und 30 [mm] breit (z-Achse) ist. Der Balken wird an einer 10 [mm] von seinen Enden entfernten Kante auf der Oberseite in alle Richtungen fixiert.

Der Balken besteht aus Polyethylen, dem am häufigsten verwendetem Kunststoff mit den folgenden für ABAQUS benötigten Parameters:

$$\text{Schubmodul G:} \qquad 70 \text{ MPa}$$
$$\text{Kompressionsmodul K:} \qquad 3300 \text{ MPa}$$

Pin

Der Pin drückt auf die Oberseite des Testbalkens. Er ist genauso lang wie der Testbalken breit ist (30 [mm]) und hat einen Radius von 5 [mm].

Er besteht aus hartem Stahl mit folgenden mechanischen Eigenschaften:

$$\text{Elastizitätsmodul E:} \qquad 210 \text{ GPa}$$
$$\text{Querkontraktionszahl } \mu: \quad 0,3$$

Kohlenstofffasern

Der Werkstoff des Testbalkens ist kohlenstofffaserverstärkt. Insgesamt sind vier Kohlenstofffasern im Testbalken gleichmäßig verteilt integriert. Eine Faser ist 20 [mm] lang und besitzt einen Radius von 3,5 [mm].

Die Materialeigenschaften sind folgendermaßen implementiert:

$$\text{Elastizitätsmodul E:} \qquad 230 \text{ GPa}$$
$$\text{Querkontraktionszahl } \mu: \quad 0,2$$

Die Abbildung 6 zeigt einen Querschnitt des Systems auf der x,y-Ebene.

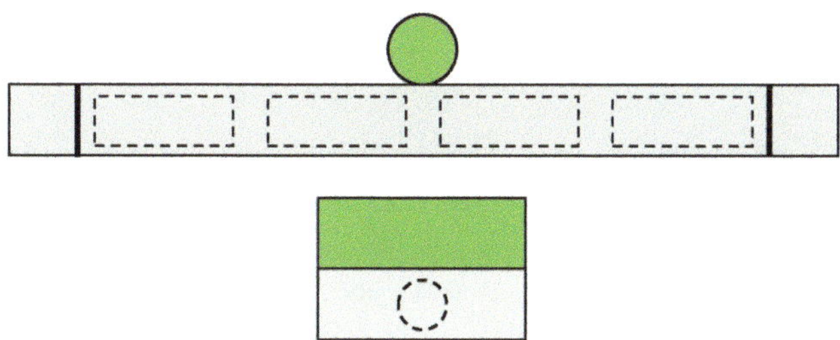

Abbildung 6: Vorder- und Seitansicht des Problems

Der Pin drückt, wie schon weiter oben beschrieben, auf den Balken. Dabei bewegt er sich um 5 [mm] nach unten.

2 Umsetzung

2.1 Erstellung der Bauteile

Als ersten Schritt benötigt ABAQUS die Bauteile, mit denen der Versuch implementiert werden soll. Diese sind im Kapitel B.1 gegeben. In der Abbildung 7 sind die erstellten Teile abgebildet.

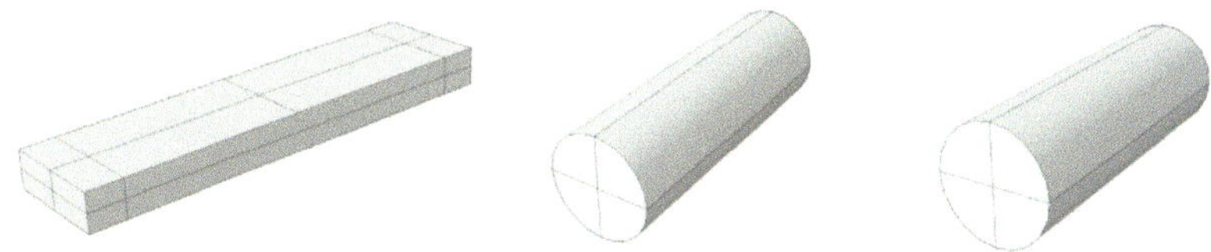

Abbildung 7: Benötigte Teile für den Dreipunktbiegeversuch (v.l.n.r. Testbalken, Pin, Kohlenstofffaser)

Es ist wichtig darauf zu achten, dass Möglichkeiten geschaffen werden, im weiteren Verlauf der Implementierung die Teile bspw. zusammenzufügen. In diesem Fall wird mit Kanten gearbeitet (siehe Kapitel B.2.5).

Weil die Kohlenstofffasern in den Testbalken eingefügt werden, müssen im Inneren Freiräume in der Größe der Fasern geschaffen werden. Die Abbildung 8 zeigt einen Querschnitt des Testbalkens, auf dem ein Freiraum zu sehen ist.

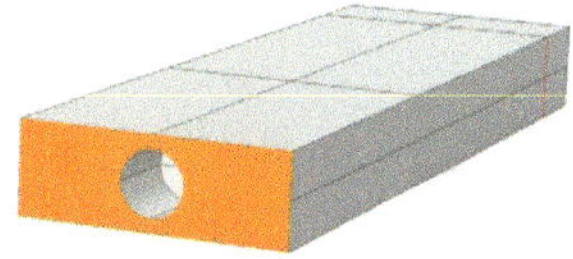

Abbildung 8: Freiraum im Testbalken für die Kohlenstofffaser

2.2 Material definieren

Für den hier gegebenen Dreipunktbiegeversuch werden drei verschiedene Materialien benötigt:
> Stahl
> Polyethylen
> Werkstoff für die Kohlenstofffasern

Stahl und der Werkstoff für die Kohlenstofffasern werden als elastisch mit Hilfe des Elastizitätsmoduls E (Young's modulus) und der Querkontraktionszahl µ (Poisson's ratio), Polyethylen als hyperelastischer Kunststoff als hyperelastisch mit Hilfe des Schubmoduls G und des Kompressionsmoduls K erstellt. Beim Polyethylen ist zu beachten, dass die Kennzahlen C10 und d1 benötigt werden. Die Berechnung ist in der Formel 16 und 17 ersichtlich.

$$C10 = \frac{G}{2} \qquad\qquad d1 = = \frac{2}{K}$$

Formel 16: Formel für C10   Formel 17: Formel für C10

Dabei nimmt die Variable C10 den Wert von 35 MPa und d1 den Wert von 0.00060606 MPa ein.

2.3 Materialzuweisung

In ABAQUS erfolgt die Materialzuweisung durch eine Zuweisung von sogenannten Sections. Diese Sections wiederrum enthalten die Info bezüglich des Materials. Weil drei Materialien benötigt werden, werden auch drei Sections benötigt. In dem Part-Modus können nun durch den Befehl Section Assignment die Sections den jeweiligen Bauteilen zugeordnet werden.

2.4 Generierung eines Gitternetzes

Nachdem die Bauteile erstellt worden sind, müssen Gitternetze generiert werden. Das Gitternetz unterteilt das Bauteil in endlich viele Elemente.

In wie viele Elemente das Bauteil unterteilt wird, wird durch den Befehl Seed im Mesh-Modus beschrieben. Die gesetzten Punkte bilden anschließend die Knoten der Elemente. Wird ein großer Abstand zwischen den Punkten gewählt, ist das Gitternetz gröber, wird ein kleiner Abstand gewählt, ist das Gitternetz feiner. Beim Pin und bei der Faser wird ein Seed von 1 gewählt. Das bedeutet, die Punkte sind 1 [mm] in alle Richtungen voneinander entfernt. Beim Testbalken wurde ein Seed von 5 implementiert.

Nun können die Gitternetze für alle Bauteile erstellt werden. Das Gitternetz für den Pin und die Faser mit Hilfe von Hexaedern gebildet werden. Weil Beim Testbalken im Inneren Freiräume definiert worden sind, funktioniert die Bildung des Gitternetzes nur mit Tetraedern. Die Abbildung 9 zeigt den Testbalken nun zusammen mit seinem Gitternetz.

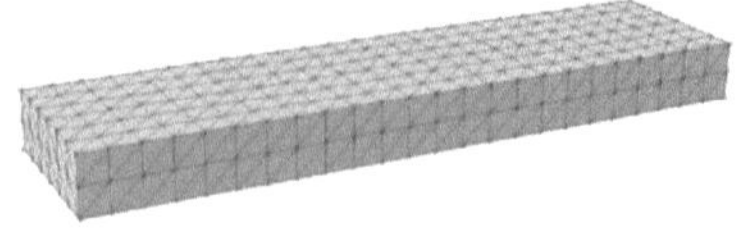

Abbildung 9: Testbalken mit fertigem Gitternetz

2.5 Zusammenbau des Systems

Wenn alle einzelnen Bauteile definiert wurden, erfolgt im Anschluss der Zusammenbau. Dabei werden alle Einzelteile in der benötigten Struktur zusammengefügt.

Die benötigte Struktur ist im Kapitel B.1 beschrieben. In der Abbildung 10 ist die implementierte Struktur aufgezeigt.

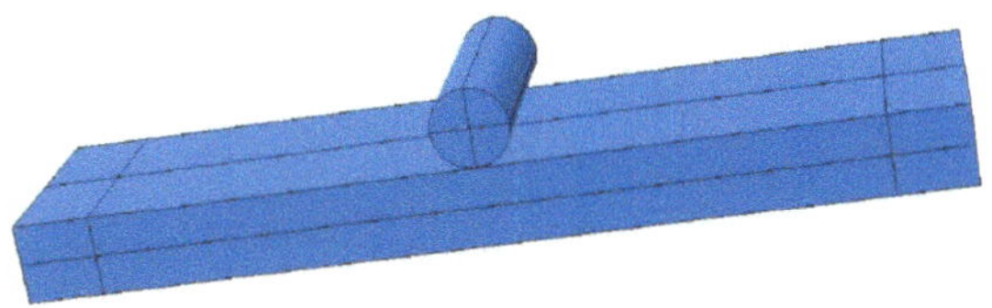

Abbildung 10: Fertiger Zusammenbau der benötigten Struktur

Die Positionierung der Kohlenstofffasern ist in der Abbildung nicht erkennbar, muss aber beim Zusammenbau vorgenommen werden. Dabei werden die Fasern exakt die vorher dafür erstellten Freiräume eingefügt. Die Abbildung 11 zeigt hierfür einen Vergleich auf. Auf der linken Seite ist ein Ausschnitt des Testbalkens ohne eingefügter Kohlenfaser, auf der rechten Seite ein Ausschnitt mit eingefügter Kohlenfaser zu sehen.

Abbildung 11: Platzierung der Kohlenstofffasern im Testbalken

2.6 Definition der Interaktionen zwischen den Bauteilen

Nach dem Zusammenbau stimmt die geographische bzw. geometrische Lage der Bauteile, das Programm hat aber keine Informationen darüber, wie die einzelnen Bauteile miteinander interagieren. Dies wird durch die Eingabe von Interaktionen definiert.

Fünf Interaktionen werden in diesem Beispiel benötigt. Zum einen die Interaktionen zwischen dem Pin und der Oberseite des Testbalkens, auf den der Pin im Versuch einwirkt und zum anderen die Interaktion zwischen der Oberfläche der Kohlenstofffasern und der Fläche der Freiräume im Testbalken. Um die Komplexität gering zu halten, wurden beide Interaktionen als *frictionless*, also als reibungslos implementiert.

2.7 Definition der Randbedingungen

Um das gesamte System nun vollständig zu beschreiben, fehlen noch die Randbedingungen, in ABAQUS *Boundary Conditions* genannt. In diesem Beispiel werden zwei geometrische Randbedingungen benötigt; zum einen die Fixierung des Testbalkens und zum anderen die Verschiebung des Pins nach unten.

Der Balken ist auf beiden Seiten jeweils 10 [mm] vom Ende entfernt komplett fixiert. Das bedeutet, er darf an der jeweiligen Kante sich in x-, y- und z- Richtung um 0 [mm], also gar nicht verschieben.

Der Pin verschiebt sich um 3 [mm] nach unten, also in y- Richtung und drückt somit auf den Testbalken.

2.8 Resultate

Nun ist das System vollständig definiert und es können die Ergebnisse erstellt werden. Wie in der Abbildung 12 ersichtlich nehmen dabei der Pin und der Testbalken, der aus sehr elastischem Polyethylen besteht, eine sehr geringe Spannung auf.

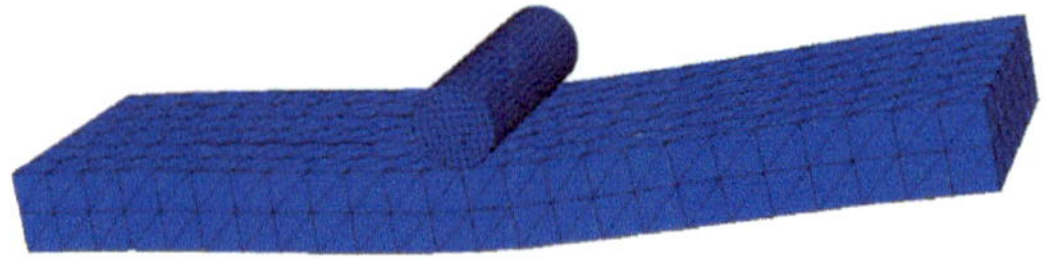

Abbildung 12: Finaler Zustand des Systems nach der Verschiebung des Pins nach unten

Größere Spannung nehmen hingegen die Kohlenstofffasern im Testbalken selber auf. Dabei entstehen zwei Regionen, deren Werte vergleichsweise größer sind als an anderer Stelle.
> Die oberen Kanten der äußeren Fasern am jeweiligen äußeren Ende (Abbildung 13)
> Die unteren Kanten der inneren Fasern am jeweiligen inneren Ende (Abbildung 14).

Grund hierfür ist Nähe zu den Stellen, die eine hohe Krafteinwirkung besitzen (Befestigung des Testbalkens und Einwirkung des Pins).

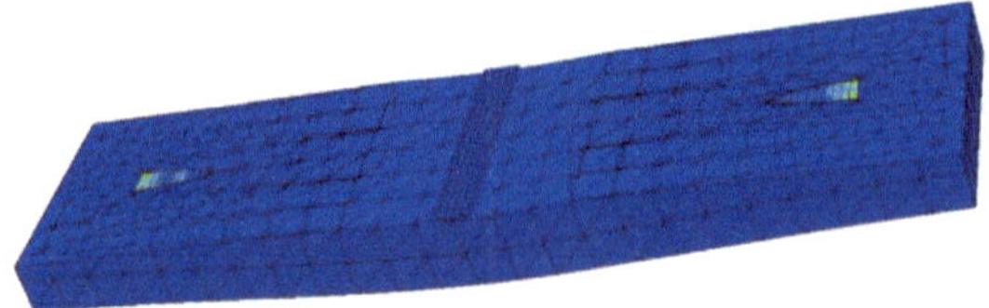

Abbildung 13: Spannung an den oberen Kanten der äußeren Fasern

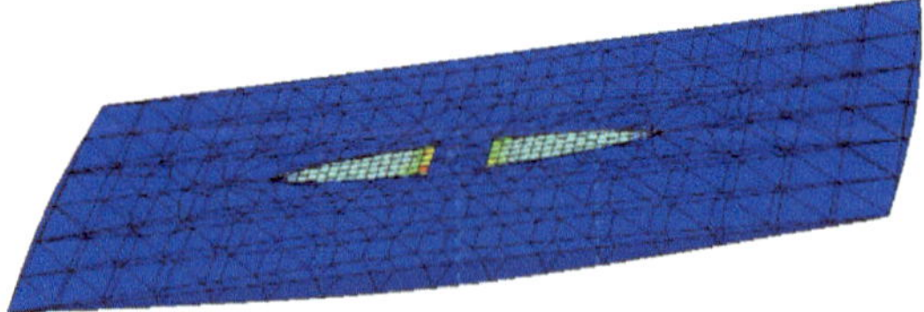

Abbildung 14: Spannung an den inneren Kanten der inneren Fasern

C MATLAB- Code für A

```matlab
clear all

%% Definition System

% Anzahl der Elemente im gesamten System
n_ele=4

% Anzahl der Freiheitsgrade (2D-System - - > 2 Freiheitsgrade)
n_fre=2

% Anzahl der Knoten im gesamten System
n_nod_sys=9

% Koordinaten aller Knoten im System
nod_pos_ele=[0,0,5,0,10,0,0,5,5,5,10,5,0,10,5,10,10,10]'

% Konnektivitätsmatrix
connectivity=[ 1,2,4,5;
               2,3,5,6;
               5,6,8,9;
               4,5,7,8 ]

% Unterscheidung zwischen activen und passiven Freiheitsgraden
% 1 : aktiver Freiheitsgrad
% 0 : passiver Freiheitsgrad
d_act_help=[0,0,1,0,1,0,0,1,1,1,1,1,0,0,1,0,1,0]

% Unterscheidung zwischen inneren und Rankknoten
% 1 : Randknoten
% 0 : innerer Knoten
d_edg_help=[1,1,1,1,1,1,1,1,0,0,1,1,1,1,1,1,1,1]

% Anzahl der aktiven und passiven Freiheitsgrade im System
% Anzahl aktiver Freiheitsgrade
n_fre_act=sum(d_act_help);
% Anzahl passiver Freiheitsgrade
n_fre_pas=(n_nod_sys*n_fre)-n_fre_act

% Verschiebungen der passiven Freiheitsgrade in [mm]
```

```matlab
u_pas=[0,0,0,0,0,0,1.5,1.5,1.5]

% "Nummerisierung" aller Freiheitsgrade im System
d_numbers=1:n_nod_sys*n_fre

% Dicke des betrachteten Systems
t=2

% Materialkonstanten (Das gesamte System besteht aus einem Material)
% lambda in N/mm^2
lambda=121150
% eta in N/mm^2
eta=80769
% Daraus resultierende C_el- Matrix & C_eng- Matrix
C_el= [lambda+2*eta,lambda,0;
    lambda,lambda+2*eta,0;
    0,0,eta]
% C_eng-Matrix für die Berechnung des Spannungsfeldes
C_eng= [lambda+2*eta,lambda,0;
    lambda,lambda+2*eta,0;
    0,0,2*eta]

% Kräfte am inneren und an den Randknoten

f_edg=zeros(1,n_nod_sys*2);
f_ins=zeros(1,n_nod_sys*2);

%% Definition Element

% Anzahl der Knoten pro Element
n_nod_ele=4

% epsilon und phi zur Berechnung der Ansatzfunktionen
epsilon=[-1/sqrt(3);1/sqrt(3);1/sqrt(3);-1/sqrt(3)]
phi=[-1/sqrt(3);-1/sqrt(3);1/sqrt(3);1/sqrt(3)]

% Anzahl der Gausspunkte pro Element
n_gp_ele=4

% Koordinaten der Elemente
% x-Koordinaten spaltenweise
x_pos= [0,5,0,5;
```

```matlab
        5,10,5,10;
        5,10,5,10;
        0,5,0,5]
% y-Koordinaten spaltenweise
y_pos= [0,0,5,5;
        0,0,5,5;
        5,5,10,10;
        5,5,10,10]


%% Initialisierung der Elementsteifigkeitsmatrix "Ke" und der Gesamtsteifigkeitsmatrix "Ks"
% Elementssteifigkeitsmatrix Ke
Ke=zeros(n_nod_ele*n_fre,n_nod_ele*n_fre,n_ele)
% Gesamtsteifigkeitsmatrix Ks
Ks=zeros(n_nod_sys*n_fre,n_nod_sys*n_fre)


%% Initialisierung der Projektionsmatrizen

% Gesamte Projektionsmatrizen
P=zeros(n_nod_ele*n_fre,n_nod_sys*n_fre,n_ele)


% Projektionsmatrizen der aktiven ("P_act") und passiven ("P_pas") Freiheitsgrade
P_act=zeros(n_fre_act,n_nod_sys*n_fre)
P_pas=zeros(n_fre_pas,n_nod_sys*n_fre)


%% Initialisierung der B-Matrix "B" und der Jacobi-Matrix "J"
% B
B=zeros(3,8,n_nod_ele,n_ele);
% J
J=zeros(n_fre,n_fre,n_nod_ele)


%% Berechnung des Gesamtsystems

%% Definition des Gesamtsystems mit allen Elementen
for e=1:1:n_ele

  % Definition eines Elements
  for i=1:1:n_gp_ele

    % Definition der Ansatzfunktionen
    h=[1/2*(1-epsilon(i))*1/2*(1-phi(i));
            1/2*(1+epsilon(i))*1/2*(1-phi(i));
            1/2*(1+epsilon(i))*1/2*(1+phi(i));
```

```matlab
                1/2*(1-epsilon(i))*1/2*(1+phi(i))]

    % Determinante der Ansatzfunktion
    det_h=(1/4)* [-1+phi(i),-1+epsilon(i);
                  1-phi(i),-1-epsilon(i);
                  1+phi(i),1+epsilon(i);
                  -1-phi(i),1-epsilon(i) ]

    % Jacobi-Matrix
     J(:,:,i)=det_h'*[x_pos(1,e),y_pos(1,e);
                      x_pos(2,e),y_pos(2,e);
                      x_pos(3,e),y_pos(3,e);
                      x_pos(4,e),y_pos(4,e)]

    % Determinante der Jacobi-Matrix
    det_J(i)=det(J(:,:,i))

    % Inverse-transponierte Jacobi-Matrix
    inv_tra_J=(inv(J(:,:,i)))'

    % Gradient der Ansatzfunktion
    h_gra=det_h*inv_tra_J

    % Physikalische Jacobi-Matrix
    J_phy(:,:,i)=det_h*inv(J(:,:,i))

    % B-Matrix
    B(:,:,i,e)=[ J_phy(1,1,i),0,J_phy(2,1,i),0,J_phy(3,1,i),0,J_phy(4,1,i),0;
                 0,J_phy(1,2,i),0,J_phy(2,2,i),0,J_phy(3,2,i),0,J_phy(4,2,i);

J_phy(1,2,i),J_phy(1,1,i),J_phy(2,2,i),J_phy(2,1,i),J_phy(3,2,i),J_phy(3,1,i),J_phy(4,2,i),J_phy(4,1,i) ]

    % Elementsteifigkeitsmatrix
    Ke(:,:,e)=Ke(:,:,e)+det_J(i)*(B(:,:,i,e)')*C_el*B(:,:,i,e)
end

% Addition aller Elementsteifigkeitsmatrizen multipliziert mit der Dicke
Ke(:,:,e)=Ke(:,:,e)*t

% Projektionsmatrix
for i=1:1:n_nod_sys
  if connectivity(1,e)==i
```

```matlab
        P(1,i*2-1,e)=1
        P(2,i*2,e)=1
    end
    if connectivity(2,e)==i
        P(3,i*2-1,e)=1
        P(4,i*2,e)=1
    end
    if connectivity(3,e)==i
        P(5,i*2-1,e)=1
        P(6,i*2,e)=1
    end
    if connectivity(4,e)==i
        P(7,i*2-1,e)=1
        P(8,i*2,e)=1
    end
end

% Koordination der Elementknoten
nod_pos_sys(:,:,e)=P(:,:,e)*nod_pos_ele;

% Gesamtsteifigkeitsmatrix
Ks=Ks+P(:,:,e)'*Ke(:,:,e)*P(:,:,e)
end

%% Definition der aktiven und passiven Freiheitsgrade

% Hilfsindizies y und f
y=1;
f=1;

% Definition von "u_act_numbers" und "u_pas_numbers"
for i=1:1:n_nod_sys*n_fre

    if ~d_act_help(i)==0
        u_act_numbers(y)=d_numbers(i)
        y=y+1;
    end
    if d_act_help(i)==0
        u_pas_numbers(f)=d_numbers(i)
        f=f+1;
    end
end
```

%% Projektionsmatrizen der aktiven und passiven Freiheitsgrade

```matlab
% P_act
for i=1:1:n_fre_act
    P_act(i,u_act_numbers(i))=1;
end


% P_pas
for i=1:1:n_fre_pas
    P_pas(i,u_pas_numbers(i))=1;
end
```

%% Berechnung von "Kaa", "Kap" und "Kpp"- Matrizen

```matlab
% Kaa
Kaa=P_act*Ks*P_act';


% Kap
Kap=P_act*Ks*P_pas';
```

%% Berechnung der Verschiebungen der aktiven Freiheitsgrade u_act

```matlab
u_act=inv(Kaa)*(-Kap*u_pas')
```

%% Gesamtverschiebungen "u"

```matlab
% Einfügen der aktiven Freiheitsgrade
for i=1:1:n_fre_act
    u(u_act_numbers(i))=u_act(i)
end


% Einfügen der passiven Freiheitsgrade
for i=1:1:n_fre_pas
    u(u_pas_numbers(i))=u_pas(i)
end
```

%% Berechnung des Spannungsfeldes

```matlab
% Auswertung von Knoten der Elemente
for e=1:1:n_ele
    u_nodes_elements(:,:,e)=P(:,:,e)*u'
end
```

```matlab
% Berechnung von e_eng
for e=1:1:n_ele
  for i=1:1:n_gp_ele
    e_eng(:,:,i,e)=B(:,:,i,e)*u_nodes_elements(:,:,e)
  end
end

% Berechnung der Spannung
for e=1:1:n_ele
  for i=1:1:n_gp_ele
    stress(:,:,i,e)=C_eng*e_eng(:,:,i,e)
  end
end

%% Berechnung der Kräfte

% Kräfte gesamt
f=Ks*u'

% Kräfte an den Randknoten
for i=1:1:n_nod_sys*2
  if d_edg_help(i)==1
    f_edg(i)=f(i);
  else f_edg(i)=0;
  end
end

% Kräfte am inneren Knoten
for i=1:1:n_nod_sys*2
  if d_edg_help(i)==0
    f_ins(i)=f(i);
  else f_ins(i)=0;
  end
end

%% Plots

% Vergleich homogener und inhomogener Struktur

% Neue Koordinaten

x_pos_new= [0+u(1),5+u(3),0+u(7),5+u(9);
```

```matlab
    5+u(3),10+u(5),5+u(9),10+u(11);
    5+u(9),10+u(11),5+u(15),10+u(17);
    0+u(7),5+u(9),0+u(13),5+u(15)]

y_pos_new= [0+u(2),0+u(4),5+u(8),5+u(10);
    0+u(4),0+u(6),5+u(10),5+u(12);
    5+u(10),5+u(12),10+u(16),10+u(18);
    5+u(8),5+u(10),10+u(14),10+u(16)]

% Plot selber
figure(1);
  p1=plot(x_pos,y_pos);
  set(p1, 'color','black')
  grid;
  xlabel('x-Achse');
  ylabel('y-Achse');
hold all
  p2=plot(x_pos_new,y_pos_new);
  set(p2, 'color','red')
  grid;
  xlabel('x-Achse');
  ylabel('y-Achse');

% Verschiebungen
figure(2);
  p3=plot(u);
  set(p3, 'color','black')
  xlabel('Freiheitsgrad');
  ylabel('Verschiebung in [mm]');

% Kräfte
figure(3);
  p4=plot(f);
  set(p4, 'color','black')
  xlabel('Freiheitsgrad');
  ylabel('Kraft in [N]');
```